REAL LIFE MATHS CHALLENGES

数学思维来帮忙

  飞行员

[美]约翰·翰·艾伦/著　马昭/译

北京时代华文书局

图书在版编目（CIP）数据

数学思维来帮忙. 飞行员／（美）约翰·艾伦著；马昭译. — 北京：北京时代华文书局，2020.12
ISBN 978-7-5699-4012-1

Ⅰ. ①数… Ⅱ. ①约… ②马… Ⅲ. ①数学—儿童读物 Ⅳ. ①O1-49

中国版本图书馆CIP数据核字(2020)第261943号

北京市版权局著作权合同登记号 图字：01-2020-3973

Original title copyright:©2019 Hungry Tomato Ltd
Text and illustration copyright ©2019 Hungry Tomato Ltd
First published 2019 by Hungry Tomato Ltd
All Rights Reserved.
Simplified Chinese rights arranged through CA-LINK International LLC
(www.ca-link.cn)

拼音书名│SHUXUE SIWEI LAI BANGMANG FEIXINGYUAN

出 版 人│陈　涛
选题策划│许日春
责任编辑│沙嘉蕊
责任校对│薛　治
装帧设计│孙丽莉
责任印制│訾　敬

出版发行│北京时代华文书局 http://www.bjsdsj.com.cn
　　　　　北京市东城区安定门外大街138号皇城国际大厦A座8层
　　　　　邮编：100011 电话：010-64263661 64261528
印　　刷│河北环京美印刷有限公司　　电话：010-63568869
　　　　　（如发现印装质量问题，请与印刷厂联系调换）
开　　本│889 mm×1194 mm　1/16　　印　张│2　字　数│30千字
成品尺寸│210 mm×285 mm
版　　次│2023年7月第1版　　　　印　次│2023年7月第1次印刷
定　　价│224.00元（全8册）

目 录
Contents

数学真有趣

数学在人们生活中的各个地方都扮演着重要的角色。玩游戏的时候、骑自行车的时候、购物的时候，都要用到数学——事实上，我们每时每刻都离不开数学！每个人都需要在工作中使用数学。飞行员就要运用数学知识来驾驶飞机！结合关于飞机和飞行员工作的真实数据和事实，运用你的数学知识，练习你的计算能力吧！当然啦，还要试试驾驶神奇的空中客车A380，体验一下那种感觉到底有多刺激！

这本书不仅令人兴奋，而且非常便于使用——快来看看里面都有哪些内容吧！

神奇的空中客车A380

这种惊人的飞机是世界上最大的客机，它的巡航速度为1 041千米／小时。空中客车A380的尾部高度大约相当于6层楼，而它的机翼大到可以停放45辆家用轿车！起飞前至少80分钟，飞行员就必须到达机场，进行飞行前的准备。

关于飞机和飞行员工作的有趣信息。

飞行前的任务

在飞行前，一名飞行员必须绕着飞机走一圈，并进行一系列详细的检查。这就是所谓的巡视。请运用数学知识计算下面的题目，对你的飞机进行一些检查。别忘了使用数据表中关于空中客车A380的信息。

5. 飞机 $\frac{1}{2}$ 的轮子需要更换轮胎。那么到底有多少个轮胎需要更换呢？

6. 每个梯子长3米，那么多少个梯子连在一起才能到达飞机尾部的顶端呢？

7. 4个清洁工正在擦拭飞机窗户。每个人需要清洁多少扇窗户呢？

8. 飞机的油箱里装了半箱燃料。为了把油箱加满，还需要多少升的燃料呢？

9. 每位乘客的座位上都要准备一本机上杂志，那么一共需要多少本杂志呢？

（第28页有小提示，可以帮你回答这些问题。）

数学活动

在回答部分问题时，你需要从数据表中收集数据。有时你还需要从题目或图表中收集信息和数据。

在解答某些问题时，你可能还需要准备一支钢笔或者铅笔，以及一个笔记本。

关于飞行员的小知识

下面是飞行员在巡视时需要做的一些检查：
- 检查是否有鸟类等动物卡在发动机内。
- 确保机身蒙皮处于合适状态，且轮胎没有损坏。
- 检查机翼、襟翼、尾翼上的灯光是否正常。

数据表　**空中客车A380**

最大起飞重量	560吨	窗户总数	220
运行空机重量	610吨	轮子总数	22
最大燃料容量	315 271升	机组人员	3名驾驶舱工作人员
平均燃料消耗量	4×1.8吨/小时		21名客舱工作人员（空中乘务员）
最大航程	15 556千米	客运量	标准三等舱位安排：
正常巡航速度	917千米/小时		14名头等舱乘客
发动机	4×38.1吨力		76名公务舱乘客
尺寸	翼展 80米		538名经济舱乘客
	总长度 73米		
	尾部高度 24米		

关于A380的小知识

A380的理想翼展是91.4米，但大多数机场都无法容纳这个尺寸。所以它的翼展被缩短到了80米。

有些A380甚至为乘客准备了私人套间。

巡视

来对A380进行一次巡视吧。从飞机的机头走到机翼，沿着一个机翼走到翼尖，再走回机身处。然后再沿着另一个机翼走到翼尖，并再次走回机身处。最后，走到机尾的顶端。

⑩ 你大概走了多远呢？

（请使用数据表中飞机的测量数据）

11

学习驾驶客机

见习飞行员被称为"学员"，他们使用飞行模拟器学习驾驶飞机。学员必须参加考试，并驾驶真正的飞机达200小时，这样才能毕业。为了成为一名飞行员，你需要学习空气动力学、导航、无线电通信，甚至气象学。飞行员在职业生涯中会学习驾驶许多类型的飞机。

评估飞行员学员

1. 数据表提供了四种商用客机的信息。在这四种飞机中，有一种被编入了飞行模拟器的程序中，用于进行飞行训练。你能推算出是哪一种吗？（为了找到答案，你需要比较不同种类的飞机。）

- 它的翼展比波音777的翼展小。
- 它的航程比空中客车A320的航程长。
- 它的尾部高度是几种飞机中第三高的。
- 它的最大起飞重量是几种飞机中最小的。
- 它的发动机推力约为10.3吨力。

是哪种飞机被编入了飞行模拟器呢？

关于飞行训练的小知识

飞行模拟器是一种机器，它利用计算机程序创造出与真实情况相仿的飞行条件。飞行员使用飞行模拟器来练习起飞和降落，并且不断完善对于气流、雷暴和紧急情况的处理，比如发动机故障！

燃料容量

2. 下面哪个是空中客车A320的最大燃料容量？
a）二万三千八百零八升
b）二万三千八百五十八升
c）二万三千零八升

（第28页有小提示，可以帮你回答这个问题。）

空中客车A320

最大起飞重量	73.5吨
最大燃料容量	23 858升
最大航程	4 908千米
正常巡航速度	853千米/小时
发动机	2 × 10.2吨力
尺寸	翼展34米
	总长度37米
	尾部高度12米

空中客车A340

最大起飞重量	274.9吨
最大燃料容量	18 762升
最大航程	14 806千米
正常巡航速度	893千米/小时
发动机	4 × 14.8吨力
尺寸	翼展60米
	总长度59米
	尾部高度16米

波音737

最大起飞重量	64.9吨
最大燃料容量	25 313升
最大航程	5 649千米
正常巡航速度	853千米/小时
发动机	2 × 10.3吨力
尺寸	翼展34米
	总长度31米
	尾部高度13米

波音777

最大起飞重量	299.4吨
最大燃料容量	25 926升
最大航程	11 024千米
正常巡航速度	901千米/小时
发动机	2 × 42.9吨力
尺寸	翼展60米
	总长度74米
	尾部高度18米

环游世界

飞行员可以飞往世界上任何一个机场。他们使用一种叫作"杰普森航图"的特殊图表来表示跑道的长度和宽度，以及区域内任何山脉或高层建筑的高度和位置细节。这架飞机即将降落在哈兹菲尔德-杰克逊亚特兰大国际机场，这可是全世界最繁忙的机场！超过63 000人在亚特兰大国际机场工作，每天24小时都有航班在这里起飞和降落。

关于机场的小知识

3 这个数据表显示了每年经过世界最繁忙机场的庞大旅客数量。条形图显示了其中6个机场的旅客人数，但机场名称却不见了。

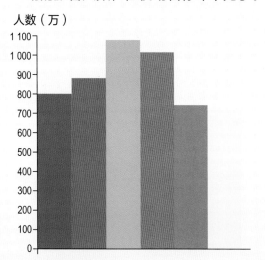

人数（万）

你能推算出哪个长条代表哪个机场吗？（贴心提示：红色的长条代表经过洛杉矶国际机场的旅客数量。）

（第28页有小提示，可以帮你回答这个问题。）

数据表

世界十大最繁忙的机场

每年的旅客数量：

第一名	美国亚特兰大，亚特兰大国际机场	1 070万
第二名	中国北京，北京首都国际机场	1 010万
第三名	迪拜加尔胡德，迪拜国际机场	890万
第四名	美国洛杉矶，洛杉矶国际机场	880万
第五名	日本东京，东京羽田国际机场	870万
第六名	美国芝加哥，奥黑尔国际机场	830万
第七名	英国伦敦，希思罗机场	800万
第八名	中国香港，香港国际机场	780万
第九名	中国上海，上海浦东国际机场	740万
第十名	法国巴黎，戴高乐机场	720万

旅客的数量

4 请问如何算出每个机场平均一周有多少旅客会经过？

（第28页有小提示，可以帮你回答这个问题。）

关于机场的小知识

弗林特河流经亚特兰大机场，最终在佛罗里达州与查特胡奇河交汇，并流入墨西哥湾。

从飞机上俯瞰亚特兰大国际机场

关于机场的小知识

旅客可以从亚特兰大国际机场飞往美国150个城市和75个国际目的地。

关于机场的小知识

亚特兰大国际机场平均每天有超过2 700个航班。

神奇的空中客车A380

这种惊人的飞机是世界上最大的客机，它的巡航速度为1 041千米/小时。空中客车A380的尾部高度大约相当于6层楼，而它的机翼大到可以停放45辆家用轿车！起飞前至少80分钟，飞行员就必须到达机场，进行飞行前的准备。

飞行前的任务

在飞行前，一名飞行员必须绕着飞机走一圈，并进行一系列详细的检查。这就是所谓的巡视。请运用数学知识计算下面的题目，对你的飞机进行一些检查。别忘了使用数据表中关于空中客车A380的信息。

5 飞机 $\frac{1}{2}$ 的轮子需要更换轮胎。那么到底有多少个轮胎需要更换呢？

6 每个梯子长3米，那么多少个梯子连在一起才能到达飞机尾部的顶端呢？

7 4个清洁工正在擦拭飞机窗户。每个人需要清洁多少扇窗户呢？

8 飞机的油箱里装了半箱燃料。为了把油箱加满，还需要多少升的燃料呢？

9 每位乘客的座位上都要准备一本机上杂志，那么一共需要多少本杂志呢？

（第28页有小提示，可以帮你回答这些问题。）

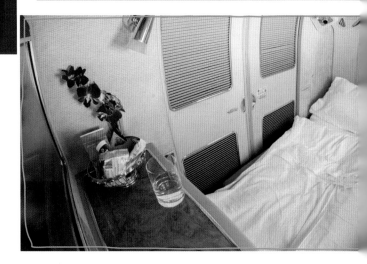

关于飞行员的小知识

下面是飞行员在巡视时需要做的一些检查：
- 检查是否有鸟类等动物卡在发动机内。
- 确保机身蒙皮处于合适状态，且轮胎没有损坏。
- 检查机翼、襟翼、尾翼上的灯光是否正常。

数据表　空中客车A380

最大起飞重量	560吨	窗户总数	220
运行空机重量	610吨	轮子总数	22
最大燃料容量	315 271升	机组人员	3名驾驶舱工作人员
平均燃料消耗量	4×1.8吨/小时		21名客舱工作人员（空中乘务员）
最大航程	15 556千米	客运量	标准三等舱位安排：
正常巡航速度	917千米/小时		14名头等舱乘客
发动机	4×38.1吨力		76名公务舱乘客
尺寸	翼展 80米		538名经济舱乘客
	总长度 73米		
	尾部高度 24米		

关于A380的小知识

A380的理想翼展是91.4米，但大多数机场都无法容纳这个尺寸。所以它的翼展被缩短到了80米。

有些A380甚至为乘客准备了私人套间。

巡视

来对A380进行一次巡视吧。从飞机的机头走到机翼，沿着一个机翼走到翼尖，再走回机身处。然后再沿着另一个机翼走到翼尖，并再次走回机身处。最后，走到机尾的顶端。

⑩ 你大概走了多远呢？

（请使用数据表中飞机的测量数据）

制订飞行计划

飞行员飞行前最重要的工作之一就是制订飞行计划。现在，飞行员们需要制订一份从伦敦希思罗机场到纽约肯尼迪机场的飞行计划。飞行计划显示了关于航班的关键信息，比如预计使用多少燃料，预计飞行速度、风向，以及飞行时间。飞行计划中的信息会被载入飞机的计算机系统。

飞行计划

这两页上的地图和数据表显示了几种信息，供飞行员参考。请你利用数据表中的行程时长和距离，算出以下问题的答案：

11 从巴黎到开罗比从莫斯科到罗马要远多少千米？

12 从纽约到洛杉矶的行程时长和从洛杉矶到亚特兰大的行程时长相差多少？

13 你计划从伦敦经巴黎飞往开罗。你将飞行多远的距离呢？

你打算从伦敦飞往亚特兰大，途经纽约和洛杉矶。

14 你将飞行多远的距离呢？

15 总行程时长是多久？

（第28页有小提示，可以帮你回答第12题和第15题。）

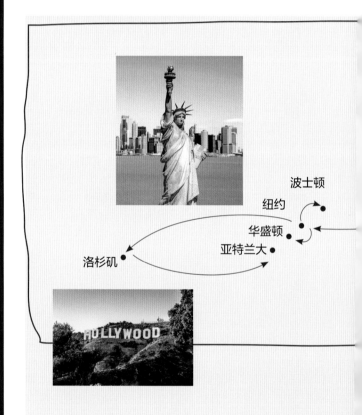

波士顿
纽约
华盛顿
亚特兰大
洛杉矶

关于航班的小知识

飞行员受到训练，使用空中走廊（虚构的空中道路）飞往世界各地。

飞行时间和距离

数据表

行程	距离（千米）	行程时长
伦敦到纽约	5 542	6小时
纽约到波士顿	299	30分钟
纽约到华盛顿	367	45分钟
纽约到洛杉矶	3 977	4小时30分钟
洛杉矶到亚特兰大	3 128	3小时40分钟
伦敦到巴黎	348	23分钟
巴黎到开罗	3 803	4小时15分钟
莫斯科到罗马	3 046	3小时30分钟

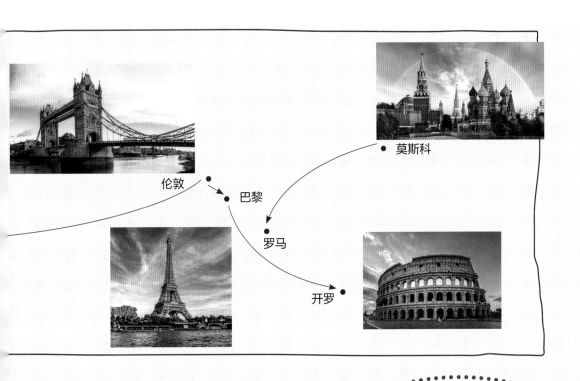

莫斯科

伦敦
巴黎
罗马
开罗

说出城市名

请你参考地图上的指南针，回答以下问题：

16 地图上哪些城市位于华盛顿的西南部？

17 地图上哪个城市位于罗马的东北部？

18 地图上哪些城市位于巴黎的东南部？

飞行前的检查计算

在飞行前的准备工作中，飞行员必须计算他们的行程需要多少燃料。一架A380的巡航速度达到了惊人的1 089千米/小时。在这个速度下，飞机每小时将消耗约12吨燃料。一辆普通汽车以最高时速日夜不停地行驶一个多月，所用掉的燃料量才能达到A380在一小时内用掉的燃料量！所有飞机都必须携带用于抵达目的地的足量燃料，同时还必须携带备用燃料。这样万一出现紧急情况，航班才能转移到其他机场。

检查燃料

- A380每小时消耗12吨燃料。
- 从伦敦希思罗机场到纽约肯尼迪机场需要6小时。

19 它将消耗多少燃料？

如果在肯尼迪机场发生了紧急情况，你可能会转移到位于波士顿或者华盛顿的机场。

20 如果转移到波士顿洛干机场，你将需要可供使用额外半小时的燃料。这些燃料的质量是多少？

21 如果转移到华盛顿杜勒斯机场，你将需要可供使用额外 $\frac{3}{4}$ 小时的燃料。这些燃料的质量是多少？

> ### 关于A380的小知识
> 这架飞机之所以叫A380，是因为机身的横截面看起来像数字"8"。

维修人员检查A380的起落架

货舱

货舱装载机正在为飞机装载货物。这里已经堆放了一些立方体形状的箱子。

你认为这里每堆货物中有多少个箱子呢？

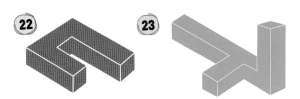

（第28页有小提示，可以帮你回答这个问题。）

飞机运载的货物几乎能涵盖任何物品：电脑、汽车零件、新鲜水果和花、金银，以及珍贵的古董。乘客的宠物也被放在货舱里，有时还有野生动物，例如猎豹、狮子、蛇和犀牛！

A380客机的驾驶舱视图

起飞前的最后检查

飞行计划已经完成，燃料计算完毕，天气预报确认完毕，飞机（包括飞机外部和驾驶舱内的飞行仪表）检查完毕。两个飞行员座位的控制器是一样的，但现在机长是PNF（Pilot Not Flying，不把杆飞行员）。这意味着副驾驶是PF（Pilot Flying，把杆飞行员/主飞飞行员），负责操作飞机！

有多重？

飞机起飞时，飞机自身加上机载人员和物品的最大质量为560吨。飞机不能超载！

- 空飞机的质量是277吨。
- 你已经加满了248吨的燃料。

24 飞机及其燃料的总质量是多少？

25 现在，货物、乘客和机组人员的最大质量是多少？

飞机起飞后，每分钟会爬升1 000米。

26 5分钟后，你将处在多高的高度？

27 10分钟后，你将处在多高的高度？

28 起飞12分钟后，飞机会水平飞行。飞机的飞行高度（距离地面的高度）是多少？

起飞程序

- 机长通知机组人员准备起飞。
- 机长和副驾驶进行起飞简报，内容包括所有正常流程和紧急情况下应采取的行动。
- 控制塔批准飞机起飞。
- 飞机对准跑道中心线。
- 将所有引擎设置为起飞推力。
- 在25秒内，飞机以257千米/小时的速度前进。飞行员向后拉动控制器，飞机的机头抬升，离开跑道。
- 飞机升空了。飞机爬升时，将以700千米/小时的速度飞行！

有多远？

你正在以672千米/小时的速度飞行（即60分钟内飞行672千米）。

29 你可以在1分钟内飞多远？

30 你可以在12分钟内飞多远？

（第28页有小提示，可以帮你回答这些问题。）

关于A380的小知识

在一次疏散测试中，853名乘客（A380最大载客量）和20名机组人员尝试在不到90秒的时间内离开飞机。他们仅使用了16个出口中的8个，就在78秒内全部撤离了飞机。

一架A380在跑道上滑行

客机排队等待获准起飞

离开地面

机上服务

等飞机达到巡航速度，旅程就正式开始了，乘客们也放松了下来。他们会看电视，享用饮料小食。一些空中乘务员在飞机厨房里忙着准备餐食。其他空乘人员则负责为所有乘客分发食物和饮料。在飞行过程中，乘务员还会为驾驶舱内的工作人员送来饮料和食物。飞行员们会轮流停下工作并用餐。

关于空乘人员的小知识

空中乘务员不仅为乘客提供食物和饮料，还要确保乘客遵守飞机安全规则，并在出现紧急情况时帮助乘客。

食物和饮料

A380飞机携带了大量的食物和饮料。在数据表中，你会看到一份A380可以携带的物品清单。请你参考这些信息，回答以下问题。

31 厨房里的汤力水和无糖汤力水总共有多少瓶？

32 10瓶苦柠檬汽水已经售出。这些汽水是多少毫升？

33 厨房里一共有多少盒果汁？

34 在一次飞行中，$\frac{1}{4}$ 的苹果汁被喝完了。这些苹果汁是多少毫升呢？

35 飞机上的气泡水比碳酸水多多少瓶呢？

测一测你关于"小于号"和"大于号"的知识吧。下面这些说法是正确的还是错误的呢？

36 橙汁的盒数＞番茄汁的盒数

37 无糖汤力水的瓶数＜姜汁汽水的瓶数

38 汤力水的总数＞苏打水的总数

（第28页有小提示，可以帮你回答第36题、第37题和第38题。）

关于A380的小知识

A380一共有三层。上面两层用来载客，底层则用来装行李。

空中乘务员在起飞前帮助乘客

为头等舱乘客准备的豪华套间

商务舱的座椅可以放平变成一张床

一架A380上的经济舱

在厨房里

汽水（每瓶300毫升）

苏打水	283瓶
无糖苏打水	179瓶
苦柠檬汽水	24瓶
碳酸水	75瓶
汤力水	143瓶
无糖汤力水	99瓶
气泡水	189瓶
姜汁汽水	108瓶

果汁（每盒900毫升）

橙汁	100盒
苹果汁	60盒
番茄汁	40盒

热饮

- 240个大茶叶包
- 155袋咖啡
- 每袋咖啡可以做成一壶1升的咖啡，每个大茶叶包可以做成一壶1升的茶
- 每个1升的壶可以提供10杯茶或咖啡

机上小知识

最新的A380上提供带双人床的双人豪华套间。头等舱和商务舱的乘客还可以淋浴。

一杯咖啡

100名乘客每人需要一杯咖啡。
39 一共需要制作多少壶咖啡？
40 这些咖啡一共是多少升？

天气预警

在飞行中，飞行员需要进行一些例行检查。有时，检查中会发现飞机外部的风速发生了变化。这种变化可能会影响飞机的巡航速度，使其变慢或变快。如果风速增加，且风向为顺风（和飞机航向相同），飞机的飞行速度就会提升，耗油量也会减少。如果巡航速度下降，飞机就需要更长的时间才能抵达目的地。有时，天气雷达会显示非常恶劣的风暴天气。能绕开风暴是最好的，但这样做会消耗更多的燃料。飞行员要做好准备以应对突发情况，并在飞行过程中进行速算。

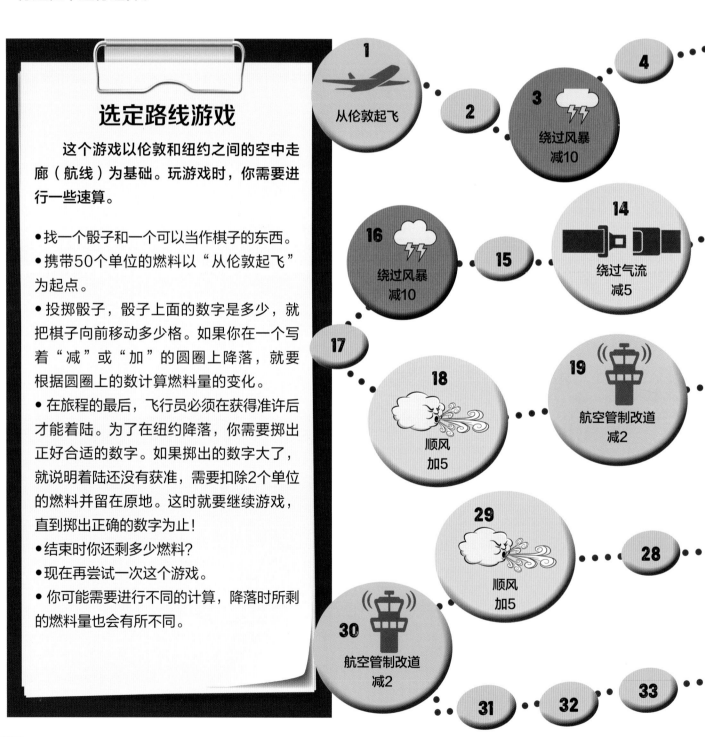

选定路线游戏

这个游戏以伦敦和纽约之间的空中走廊（航线）为基础。玩游戏时，你需要进行一些速算。

• 找一个骰子和一个可以当作棋子的东西。
• 携带50个单位的燃料以"从伦敦起飞"为起点。
• 投掷骰子，骰子上面的数字是多少，就把棋子向前移动多少格。如果你在一个写着"减"或"加"的圆圈上降落，就要根据圆圈上的数计算燃料量的变化。
• 在旅程的最后，飞行员必须在获得准许后才能着陆。为了在纽约降落，你需要掷出正好合适的数字。如果掷出的数字大了，就说明着陆还没有获准，需要扣除2个单位的燃料并留在原地。这时就要继续游戏，直到掷出正确的数字为止！
• 结束时你还剩多少燃料？
• 现在再尝试一次这个游戏。
• 你可能需要进行不同的计算，降落时所剩的燃料量也会有所不同。

1 从伦敦起飞
2
3 绕过风暴 减10
4
14 绕过气流 减5
15
16 绕过风暴 减10
17
18 顺风 加5
19 航空管制改道 减2
28
29 顺风 加5
30 航空管制改道 减2
31
32
33

5

6

7 绕过风暴 减10

8 航空管制改道 减2

9

10 绕过气流 减5

11

12

13

20

21 航空管制改道 减2

22

23

24 顺风 加5

25

26 绕过风暴 减10

27

34 航空管制改道 减2

35

36 在纽约降落

飞行中的计算

现在是晚上10:30，还有3 216千米才能飞到纽约。飞机正以每小时804千米的速度飞行。

41 这段行程还需要花费多长时间？

42 飞机什么时候会降落在纽约？

雷达显示前方有风暴。绕过风暴飞行，将增加402千米的行程。

43 飞机的飞行时间增加了多少？

44 现在，飞机将在什么时间降落？

当你投掷骰子时，你是无法控制会发生什么事的。这和恶劣的天气有点像——飞行员无法控制天气，但他们必须能够通过计算来应对天气。

计划变更

有时,飞机无法降落在计划目的地。发生这种情况时,飞行员必须快速决定该怎么办。晚上10:55（22:55）,一架飞机正在飞往纽约肯尼迪机场。这个地区发生了可怕的风暴。凌晨1:00（01:00）前,肯尼迪机场都将处于关闭状态。飞行员必须决定是盘旋（在上空飞行）并等待肯尼迪机场重新开放,还是转到其他机场。

飞行员应该怎么做？

- 飞机每小时消耗9吨燃料。
- 机上电脑显示还剩下13.5吨燃料。
- 时钟（在下方）显示了当前的时间。

(45) 飞行员应该选择哪个方案？

方案1：盘旋并等到凌晨1:00（01:00）肯尼迪机场重新开放,并在那里降落。

方案2：飞往波士顿洛干机场,该机场于夜晚11:15（23:15）关闭。飞往波士顿需要花费半小时。

方案3：飞往华盛顿杜勒斯机场,该机场于夜晚11:45（23:45）关闭。飞往华盛顿机场需要花费45分钟。

（你可以在第29页中找到小提示和关于24小时制时钟的信息,帮你完成这个活动。）

指针式时钟

数字时钟

关于A380的小知识

- 一架A380飞机的质量和五条蓝鲸相当。
- 它可以连续不停地飞行17小时。
- 一架A380可以容纳多达853名乘客——但大多数飞机一共会在三种舱位中载客约525人。
- 每架飞机都有四个引擎，但两个外侧引擎不能反推，否则它们会从跑道边缘卷起太多的异物。

空中交通管制员通知飞行员可能在机场遇到的各种天气问题。

肯尼迪机场的冰雪

多少燃料？

46 如果飞机要在纽约的上空盘旋飞行2.5小时，那么需要消耗多少燃料？

获准着陆

航班即将到达终点。风暴、气流，甚至紧急绕行都已经处理妥当。机长刚刚告诉机组人员准备降落。副驾驶之前从未在华盛顿杜勒斯机场降落过，但他对于跑道和机场周围的区域仍然十分熟悉。这是因为在训练时，飞行员已经在飞行模拟器中练习过在这个机场和其他机场降落了。控制塔已经批准了飞机降落。

莫斯科机场，乘客正从一架A380客机上离开。

着陆

飞机正在7.5千米的海拔高度巡航，且将在7分钟后着陆。1分钟后，飞机下降了1.5千米，飞行高度降到了6千米。这个统计图显示了飞机从这一点开始不断下降的情况。请你参考该图回答下面的问题。

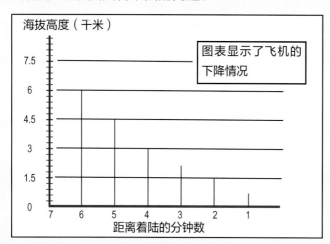

海拔高度（千米）

图表显示了飞机的下降情况

距离着陆的分钟数

47 下降2分钟后，飞机的高度是多少？

48 下降多少分钟后，飞机会到达3千米的高度？

49 降落前2分钟，飞机的高度是多少？

50 当飞机到达4.5千米的高度后，距离降落还有多少分钟？

51 降落前3分钟，飞机的高度大约是多少？

（第29页有小提示，可以帮你回答这些问题。）

关于飞行员的小知识

飞行员一天只允许飞行8小时，一个月只允许飞行100小时，一年只允许飞行1 000小时。超过8小时的航班被称为"长途航班"。

跑道

在干燥的跑道上，飞机的制动距离为2 040米。而在湿滑的跑道上，飞机需要多滑行304米才能停下。

52 飞机在湿滑跑道上的制动距离是多少？

53 现在把你的答案换算成毫米。

着陆步骤

- 机长通知机组人员准备降落。
- 机长和副驾驶进行着陆简报，内容包括所有正常流程和紧急情况下应采取的行动。
- 机翼襟翼和起落架（轮子）被放下。
- 机场控制塔批准飞机降落。
- 一旦飞机经过跑道起点，推力操纵杆就会被向后拉动。通过向后拉动控制器，使机头抬升。这样确保了飞机可以使用更坚固的主起落架进行着陆。
- A380着陆时，时速为257千米。

在地面上

这架飞机已经降落在华盛顿杜勒斯国际机场。它总共飞行了5 909千米，飞机消耗了77 979升的燃料。对于一辆普通的家用汽车来说，这些燃料足够它从地球开到月球，再开回地球，然后再开到月球！飞行员必须会阅读地图和图表。观察下面的网格图，看看你能在机场找到什么吧。

网格图

在华盛顿杜勒斯机场，飞机、摆渡车和油罐车，还有许多其他机器都在同时工作着。这里总是非常繁忙。

54 你的飞机在跑道上。它的坐标是多少？

55 在坐标（1，2）、（2，1）、（1，4）上，你分别能看到什么？

56 摆渡车的坐标是什么？

（第29页有小提示，可以帮你回答这些问题。）

行李

行李搬运工需要卸载很多包裹，这些包裹的形状都不一样。

A　　　　　　B　　　　　　C　　　　　　D　　　　　　E

57 哪个形状有4个直角？

58 哪个形状有2对等长的边？

59 哪个形状可以由6个完全相同的等边三角形组成？

60 找出有7条边的形状和有8条边的形状。它们被称作什么？

61 将一个形状所有的角连接起来，可以形成一个中心为五边形的星形，这是什么形状呢？

关于货物的小知识

机长通知单是一份文件，告知了机长机上可能存在的任何特殊或危险货物的情况。

在机场

A380飞机有两层机舱用来运载乘客，第三层机舱用来运载行李和货物。行李被装入小集装箱中，然后放在飞机上。在上图中，行李和餐食被同时装入三层机舱中。

小提示

第6页

燃料容量

读写较大的数

小提示： 当读到或听到"一万五千八百零六"这种较大的数时，可以用"15 806"这种简洁的形式写出这个数。

第8页

关于机场的小知识

解读条形图

条形图（也叫柱状图）显示了物体的数量或大小。

条形图的一边是数据和刻度，你需要知道每格刻度增长的数量是多少。

条形图通常有一个标题。

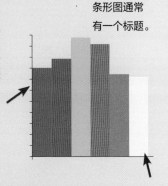

第8页条形图中长条的高度显示了每年经过机场的旅客数量。红色长条表示洛杉矶国际机场，也就意味着这个长条代表着880万名旅客。请依次查看其他长条的高度，并把它们和数据表中的旅客人数匹配起来。

旅客的数量

小提示： 一年有52周。

第10页

飞行前的任务

理解除法

分数和除法相关。例如，求一个数的 $\frac{1}{2}$（一半）是多少，就相当于把它除以2。

如果你知道一个乘法算式，你就会知道相应的除法怎么算。例如：只要知道 $15 \times 4 = 60$，我们就能推出 $60 \div 15 = 4$。

第12页

飞行计划

小提示： 1小时有60分钟。

第14页

货舱

想象三维图形

小提示： 如果你觉得很难想象一堆立方体盒子会叠成什么样的形状，可以找一些小积木，并尝试把这些形状做出来。

第16页

有多远？

计算

小提示： 在进行任何计算之前，都需要先确定使用哪种计算方法：加法、减法、乘法还是除法？

例如，如果一架飞机在1小时内飞行了900千米，而你需要算出它在1分钟内飞行的距离，那你就需要用除法，900除以60（分钟）。

第18页

食物和饮料

比较大小

以下是这些符号的含义：

"＞"表示"大于（比……大）"，"＜"表示"小于（比……小）"

例如：$16-3 > 99-95$

$\frac{1}{4} < 0.5$

飞行员应该怎么做？

小提示： 如果要在纽约上空盘旋，你需要足够飞行2小时5分钟的燃料。

使用24小时制

你会注意到，括号内的时间是以24小时制的形式显示的。看一看指针式时钟。时针在24小时内（一昼夜）会绕钟面走两圈。

指针式时钟	数字时钟
•6时	**06:00** 6:00 am **18:00** 6:00 pm
•3时半 **•3时30分**	**03:30** 3:30 am **15:30** 3:30 pm

小提示： "am" 指的是中午之前的时间（凌晨和上午），而 "pm" 是指中午之后的时间（下午和晚上）。

着陆

这个图用线段代替了柱形长条。阅读这个图时，你需要观察线段的顶端，并根据侧面的刻度来读出线段表示的数值。

网格图

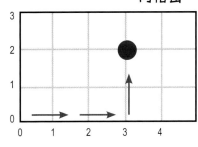

为了在网格图上找到一个点的坐标，你需要先沿着网格图的底部读，再沿着网格图的侧面向上读。

例如，网格图中的坐标（3，2）代表沿着底部走3格，然后再向上走2格，这样就可以找到准确的点位了。

答案

第6页

评估飞行员学员

1）被编入飞行模拟器程序的飞机是波音737。

燃料容量

2）空中客车A320的最大燃料容量为b。

第8页

关于机场的小知识

3）条形图表示的机场如下：
蓝色长条：英国伦敦希思罗机场
红色长条：美国洛杉矶国际机场
绿色长条：美国亚特兰大国际机场
粉色长条：中国北京首都国际机场
紫色长条：中国上海浦东国际机场
黄色长条：法国巴黎戴高乐机场

旅客的数量

4）把旅客人数除以52，即可计算出每个机场一周有多少旅客经过。

第10-11页

飞行前的任务

5）有11个轮胎需要更换。

6）8个梯子

7）每个清洁工需要清洁55扇窗户。

8）157 635.5升

9）共需要628本机上杂志。

巡视

10）走了233米。

$$\begin{array}{r} 73米 \\ + 160米 \\ \hline 233米 \end{array}$$ 飞机的长度
两倍翼展（2 × 80米）

第12-13页

飞行计划

11）远757千米。

12）相差50分钟。

13）你将飞行4 151千米。

14）你将飞行12 647千米。

15）总行程时长为14小时10分钟。

说出城市名

16）亚特兰大和洛杉矶

17）莫斯科

18）罗马和开罗

第14页

检查燃料

19）72吨

20）6吨

21）9吨

货舱

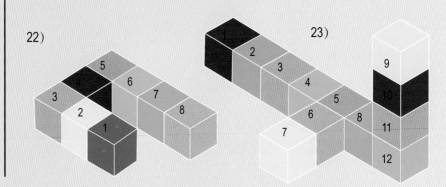

22）

23）

第16页

有多重？

24）飞机及其燃料的总质量是525吨。

25）货物、乘客和机组人员的最大质量是35吨。

26）5分钟后，你将处在5 000米的高度。

27）10分钟后，你将处在10 000米的高度。

28）12分钟后，飞机的飞行高度是12 000米。

有多远？

29）1分钟内飞11.2千米。

30）12分钟内飞134.4千米。

第18-19页

食物和饮料

31）242瓶

32）3 000毫升

33）200盒

34）13 500毫升

35）114瓶

36）正确

37）正确

38）错误

一杯咖啡

39）10壶咖啡

40）10升

第21页

飞行中的计算

41）4小时

42）凌晨2:30

43）增加了半小时（30分钟）

44）凌晨3:00

第22-23页

飞行员应该怎么做？

45）正确的选择是方案3：飞往华盛顿杜勒斯机场。

（不能选方案1，因为你需要超过18.75吨的燃料才能盘旋2小时5分钟。也不能选方案2，因为波士顿洛干机场将在20分钟后关闭，而你需要30分钟才能飞到那里。）

多少燃料？

46）你需要22.5吨的燃料才能盘旋飞行2.5小时。

第24页

着陆

47）4.5千米

48）3分钟

49）1.5千米

50）5分钟

51）大约2.1千米

跑道

52）湿滑跑道上的制动距离是2 344米。

53）2 344 000毫升

第26-27页

网格图

54）（5，1）

55）（1，2）消防车

（2，1）油罐车

（1，4）飞机起飞

56）（3，2）

57）长方形（A）有4个直角。

58）长方形（A）有2对等长的边。

59）正六边形（D）可以由6个完全相同的等边三角形组成。

行李

60）七边形有7条边（E）。

八边形有8条边（C）。

61）可以把五边形（B）的所有角连接起来，形成一个中心为五边形的星形。

31